Sitzungsberichte
der Akademie der Wissenschaften
der DDR
Mathematik – Naturwissenschaften – Technik

17 N

1981

Helmut Koch

Über das Leben und Werk Johann Peter Gustav Lejeune Dirichlets

Zu seinem 175. Geburtstag

AKADEMIE-VERLAG · BERLIN

Sitzungsberichte
der Akademie der Wissenschaften
der DDR
Mathematik – Naturwissenschaften – Technik

Jahrgang 1981 · Nr. 17/N

Helmut Koch

Über das Leben und Werk Johann Peter Gustav Lejeune Dirichlets

Zu seinem 175. Geburtstag

AKADEMIE-VERLAG · BERLIN
1982

Vortrag von Helmut Koch, Korrespondierendes
Mitglied der Akademie der Wissenschaften der DDR,
am 16. Oktober 1980 vor der Klasse Mathematik

Herausgegeben im Auftrage
des Präsidenten der Akademie
der Wissenschaften der DDR
von Vizepräsident Prof. Dr. Heinrich Scheel

ISSN 0138-3956
Erschienen im Akademie-Verlag, DDR-1086 Berlin, Leipziger Str. 3–4

Lizenznummer: 202 · 100/45/82
Gesamtherstellung: VEB Druckhaus Köthen
Bestellnummer: 763 063 2 (2010/81/17/N) · LSV 1005
Printed in GDR
DDR 2,– M

Am 13. Februar 1980 jährte sich zum 175. Male der Geburtstag von JOHANN PETER GUSTAV LEJEUNE DIRICHLET. Dies ist ein Anlaß, um an einige wichtige Stationen seines Lebens zu erinnern und die Wirkungen seiner wichtigsten mathematischen Entdeckungen bis hin zur Gegenwart kurz nachzuzeichnen.

Ein anderer Anlaß ist die Tatsache, daß DIRICHLET, der zu seinen Lebzeiten bereits voll in seiner Bedeutung erkannt wurde – so wurde er bereits mit 27 Jahren Ordentliches Mitglied der Preußischen Akademie der Wissenschaften –, gegenwärtig nicht überall in gleicher Weise im Bewußtsein von Mathematikern und Mathematikhistorikern lebendig ist. Lassen Sie mich hierzu drei Beispiele anführen.

1. In einer von H. WUSSING und W. ARNOLD herausgegebenen Sammlung wissenschaftlicher Biographien bedeutender Mathematiker, erschienen 1975 im Verlag Volk und Wissen, kommen 17 Mathematiker des 19. Jahrhunderts, u.a. BOLZANO, MÖBIUS und KOWALEWSKAJA, aber nicht DIRICHLET vor.

2. Der sowjetische Mathematikhistoriker F. A. MEDVEDJEV schreibt in seiner Monographie „Die Französische Schule der Funktionen- und Mengentheorie um die Jahrhundertwende“, erschienen 1976 in Moskau im Verlag Nauka: „Die erste Hälfte des 19. Jahrhunderts kann man mit einem gewissen Vorbehalt charakterisieren als Periode, in der die Mathematik in erster Linie französisch war. ... (Es folgt eine Reihe französischer Mathematiker.) ... Natürlich gab es Ausnahmen wie GAUSS und JACOBI in Deutschland, LOBATSCHEWSKI und OSTROGRADSKI in Rußland, ABEL in Norwegen, BOLYAI in Ungarn ...“ (S. 6).
DIRICHLET findet keine Erwähnung.

3. In einer zum Teil heftig geführten Diskussion um Mathematiker, die zur Namensgebung eines zukünftigen Zentralinstituts für Mathematik der AdW herangezogen werden könnten, fand DIRICHLET keine Erwähnung, obgleich seine hervorragendsten Werke alle in Berlin entstanden sind und er mit Ausnahme von eineinhalb Jahren in Breslau und dreieinhalb Jahren in Göttingen nur in Berlin gewirkt hat.

In diesem Zusammenhang möchte ich die verdienstvollen Publikationen von K. R. BIERMANN über DIRICHLET hervorheben (und damit die oben gebrauchten

Worte „nicht überall" unterstreichen), vor allem seine Arbeit „J. P. G. Lejeune Dirichlet, Dokumente für sein Leben und Wirken", Abh. der DAW, Klasse für Mathematik, Physik und Technik 1959, Nr. 2. Ich danke Herrn BIERMANN für eine Reihe von wertvollen Hinweisen zur Abfassung dieser Zeilen.

Ich möchte nun zunächst einiges zum Leben von DIRICHLET sagen. Er wurde 1805 in Düren bei Aachen geboren. Sein Großvater war als Tuchmacher aus dem benachbarten französischsprachigen Belgien herübergekommen, so daß sich der Familienname LEJEUNE DIRICHLET leicht als „Jung aus Richelet" erklären läßt, einem Ort in der Nähe von Verviers. Sein Vater war Posthalter in Düren. Er gewährte seinem Sohn eine sorgfältige Bildung auf dem Gymnasium in Bonn und später in Köln. Von Mai 1822 bis Herbst 1826 studierte DIRICHLET in Paris Mathematik, das zu dieser Zeit noch das unbestrittene Weltzentrum der Mathematik war. Wichtiger als Vorlesungen und persönlicher Kontakt, u.a. mit LACROIX, FOURIER und POISSON, waren für ihn das Selbststudium von GAUSS' „Disquisitiones arithmeticae", die er als erster vollständig verstanden, vereinfacht und durch Vorlesungen, die später von DEDEKIND in Buchform herausgegeben wurden, popularisiert hat.

Seit Sommer 1823 lebte er als Hauslehrer in der Familie des Generals M. S. FOY (1775–1825), wo er dessen Frau und zwei Kinder in deutscher Sprache und Literatur unterrichtete, während er selbst seine französische Aussprache verbessern konnte sowie sehr viel an Gewandtheit im Umgang mit dieser gebildeten, weltoffenen Familie gewann. Der General FOY war der Führer der liberalen Opposition in der Deputiertenkammer, die eine Ablösung des ultrakonservativen Regimes des Königs KARL X. durch die Herrschaft der Großbourgeoisie anstrebte und erst durch die Revolution von 1830 ans Ziel gelangte. Die folgende Episode wirft ein Streiflicht auf den politischen Geist der damaligen Zeit.

Im Zusammenhang mit der Anstellung von DIRICHLET im Preußischen Universitätsdienst erkundigte sich der Preußische Kultusminister Freiherr VON ALTENSTEIN 1826 beim Minister des Innern VON SCHUCKMANN, ob „in polizeilicher Hinsicht (gegen DIRICHLETS Zulassung als Privatdozent) etwa ein Bedenken obwaltet"; eine weitere Anfrage richtete sich an den Preußischen Botschafter in Paris, Baron VON WERTHERN. Dieser antwortete:

„Da sich über die Gesinnungen und den Lebenswandel dieses jungen Mannes aus den Polizey-Registern durchaus nichts Nachteiliges ergeben hat, obgleich derselbe in dem Hause eines Mannes lebte, welchen die Regierung zu ihren eifrigsten Gegnern zählte, so glaube ich annehmen zu dürfen, daß derselbe hier nur den Wissenschaften gelebt hat, ohne sich in das politische Treiben hineinziehen zu lassen" (s. K. R. BIERMANN, a. a. O., S. 19).

1825 reichte DIRICHLET seine erste mathematische Abhandlung „Sur l'impossibilitè de quelques Équations indéterminées du cinquième degré" bei der französischen Akademie ein. LEGENDRE, einem der beiden Gutachter, gelang es, durch eine Ergänzung die Fermatsche Vermutung für den Exponenten 5 zu beweisen, d.h. zu zeigen, daß $x^5 + y^5 = z^5$ keine Lösung in positiven ganzen Zahlen hat. Die Arbeit wurde im „Recueil des Mémoires des Savans étrangers" abgedruckt und machte DIRICHLET sofort in wissenschaftlichen Kreisen von Paris bekannt. Er trat in nähere Beziehung zu den Akademiemitgliedern FOURIER und ALEXANDER VON HUMBOLDT, die beide für seinen weiteren Lebensweg von Bedeutung wurden. Auf Empfehlung von A. VON HUMBOLDT konnte er 1827 in den Preußischen Staatsdienst als Privatdozent in Breslau mit einem Jahresgehalt von 400 Talern eintreten. Diese Universität war erst 1811 als Nachfolgerin der Universität Frankfurt/Oder gegründet worden. Der Stand der Mathematik befand sich auf überaus niedrigem Niveau. DIRICHLET war daher froh, 1828 nach Berlin an die allgemeine Kriegsschule gehen zu können mit der Genehmigung, Vorlesungen an der Berliner Universität – die auch erst 1810 gegründet worden war – zu halten. 1829 erschien seine berühmte Arbeit über die FOURIER-Analyse; ich komme im folgenden hierauf zurück. In diesem Jahr wurde seine Besoldung auf 600 Taler heraufgesetzt. Dies bildete die finanzielle Grundlage für die Gründung einer Familie.

1832 heiratete DIRICHLET REBEKKA MENDELSSOHN-BARTHOLDY. A. VON HUMBOLDT hatte ihn in das Haus ihres Vaters, des Berliner Bankiers ABRAHAM MENDELSSOHN-BARTHOLDY eingeführt, dessen Vater der bekannte Philosoph MOSES MENDELSSOHN und dessen Sohn der berühmte Komponist FELIX MENDELSSOHN-BARTHOLDY waren.

(Ich möchte mir hier eine kleine Abschweifung erlauben und auf die Verwandtschaft bzw. Verschwägerung dieser Familie mit weiteren Mathematikern hinweisen. FANNY MENDELSSOHN-BARTHOLDY, eine Schwester von REBEKKA, heiratete den Maler W. HENSEL, dessen Enkel der Mathematiker K. HENSEL ist. OTTILIE MENDELSSOHN, eine weitere Enkelin des Philosophen, heiratete den Mathematiker KUMMER, dessen Schwiegersohn ist der Mathematiker H. A. SCHWARZ.)

Ebenfalls im Jahre 1832 wurde DIRICHLET Mitglied der Preußischen Akademie der Wissenschaften. In den Jahren 1833–1855 hielt er alljährlich mindestens einen Vortrag in der Akademie über eigene Ergebnisse. Eine Ausnahme bildete die Zeit von Herbst 1843 bis Frühjahr 1845, in der er einen Urlaub für eine Italienreise erhielt, die er zum Teil zusammen mit den Mathematikern JACOBI, BORCHARDT, SCHLÄFLI und STEINER durchführte. SCHLÄFLI, ein Gymnasiallehrer aus der Schweiz, wirkte auf der Reise als Dolmetscher von STEINER und erhielt täglich Mathematiklektionen von DIRICHLET. In der Folge entwickelte er sich zu einem bedeutenden Mathematiker.

Im Jahre 1855 hatte DIRICHLET neben seiner Professur an der Berliner Universität immer noch Unterricht an der Kriegsschule zu erteilen. Er nahm daher einen Ruf, den er als Nachfolger von GAUSS nach Göttingen erhalten hatte, zum Anlaß, den Wunsch auszudrücken, von dieser ihm jetzt lästigen Tätigkeit entbunden zu werden. Da jedoch das Preußische Kultusministerium hierauf nicht rechtzeitig reagierte, folgte er dem Ruf nach Göttingen und arbeitete dort bis zu seinem Tode am 5. 5. 1859.

Soviel zum Leben DIRICHLETS. Für eine genauere Lebensbeschreibung verweise ich auf die ausgezeichnete Gedächtnisrede von KUMMER aus dem Jahre 1860, die sich in den gesammelten Werken von DIRICHLET findet, sowie für weitere Literaturangaben auf die oben zitierte Arbeit von K. R. BIERMANN.

Wenn ich nun auf das mathematische Wirken von DIRICHLET zu sprechen komme, so möchte ich anknüpfen an die Äußerung von F. A. MEDVEDJÈV, die ich am Beginn meines Vortrags zitierte, wonach in der ersten Hälfte des 19. Jahrhunderts die Mathematik vorwiegend französisch war. DIRICHLET verhielt sich nach dieser These richtig, wenn er sein Studium der Mathematik in Paris durchführte. Jedoch scheint mir, daß DIRICHLET zusammen mit dem fast gleichaltrigen JACOBI, mit dem er befreundet war, wesentlich die Wende mitbewirkt hat zu der anschließenden Periode, in der die Mathematik vorwiegend deutsch war. Er hat dies bewirkt nicht nur durch seine mathematischen Arbeiten, sondern auch durch seine Lehrtätigkeit. Denn im Gegensatz zu GAUSS war DIRICHLET ein hervorragender Pädagoge. Zu seinen Hörern und Schülern gehörten u.a. EISENSTEIN (1823–1852), KRONECKER (1823–1891), RIEMANN (1826–1866) und DEDEKIND (1831–1916). RIEMANN gründete auf das von ihm so genannte DIRICHLETsche Prinzip die Theorie der komplexen algebraischen Kurven und ABELschen Funktionen und wurde so zu einem der Begründer der modernen Mathematik, gerechtfertigt wurde diese Methode allerdings erst später durch Arbeiten von HILBERT und WEYL.

Wenn ein zeitgenössischer Mathematiker, z.B. GAUSS, im Jahre 1825 einen Vortrag über die wichtigsten Probleme der Mathematik gehalten hätte, so wären sicher die folgenden drei Probleme darunter vorgekommen:

1. LEGENDRE gab 1785 einen unvollständigen Beweis des Quadratischen Reziprozitätsgesetzes, wobei er eine unbewiesene Behauptung benutzte, die sich, wie er bemerkte, aus der folgenden ergibt:
Zu zwei natürlichen Zahlen k und l, die keinen gemeinsamen Teiler haben, gibt es immer eine Zahl m, so daß $l + km$ Primzahl ist. Die Folge $1 + km$, $m = 0, 1, \ldots$ wird als arithmetische Progression bezeichnet.
LEGENDRE gelang es jedoch nicht, diesen Satz zu beweisen.

2. Im Zusammenhang mit einer Verallgemeinerung des Quadratischen Reziprozitätsgesetzes sowie eines Beweisansatzes für die FERMATsche Vermutung erscheint es sinnvoll, von Betrachtungen über ganze Zahlen überzugehen zu Betrachtungen über ganze algebraische Zahlen, wobei eine ganze algebraische Zahl eine komplexe Zahl α ist, die einer Gleichung

$$\alpha^n + a_1\alpha^{n-1} + \ldots + a_n = 0 \qquad (1)$$

mit ganzen rationalen Koeffizienten genügt. Man entwickle eine Theorie dieser Zahlen, die den drei ersten Abschnitten von GAUSS' „Disquisitiones arithmeticae“ entspricht.

3. Im Jahre 1807 trug FOURIER in der Pariser Akademie der Wissenschaften über „Wärmeleitung in Festkörpern" vor. Seine Ideen wurden 1822 vollständiger in Buchform publiziert. Im Abschnitt VI dieses Buches stellte er eine willkürliche ungerade Funktion $\varphi(x)$ im Intervall $[-\pi/2, +\pi/2]$ in der Form

$$\varphi(x) = \sum_{K=1}^{\infty} a_K \sin Kx \tag{2}$$

dar und behauptete, daß a_K durch das Integral

$$a_K = \frac{2}{\pi} \int_0^{\pi} \varphi(x) \sin K\, x dx \tag{3}$$

gegeben ist. (GAUSS kam gegen 1810 zu dem gleichen Ergebnis, ohne es zu publizieren.) Man beweise diese Behauptung.

Das erste und dritte Problem wurde von DIRICHLET gelöst, während er zu dem zweiten einen wichtigen Beitrag leistete. In diesem Vortrag beschränke ich mich auf diese drei Probleme und ihr Fortwirken bis zur Gegenwart. Weitere wichtige Ergebnisse von DIRICHLET betreffen u.a. die Theorie der quadratischen Formen und die Potentialtheorie.

Beginnen wir mit dem ersten Problem, dem DIRICHLETschen Satz von der Existenz von Primzahlen in arithmetischen Progressionen.

Der Beweis besteht aus einer überraschend einfachen Grundüberlegung, die auf einen tiefliegenden analytischen Tatbestand führt, den es dann zu beweisen gilt:

In Verallgemeinerung eines Ansatzes von EULER zum Beweis des Satzes von EUKLID, daß es unendlich viele Primzahlen gibt, betrachtet DIRICHLET die Reihen

$$L(s, \chi) = \sum_{n=1}^{\infty} \frac{\chi(n)}{n^s} \tag{4}$$

für reelles s und eine Funktion χ, die in moderner Sprechweise wie folgt erklärt ist. Für $(n, k) = 1$ ist $\chi\ (\mathbb{Z}/h\mathbb{Z})^x \to \mathbb{C}'^x$ ein Homomorphismus der primen Restklassengruppen mod k in die multiplikative Gruppe der komplexen Zahlen, wobei $\chi(n) = \chi(\overline{n})$ gesetzt wird. Für $(n, k) \neq 1$ setzt man $\chi(n) = 0$. χ wird als Charakter modulo k bezeichnet. Insbesondere heißt der Homomorphismus χ_0 mit $\chi_0(n) = 1$ für $(n, k) = 1$ Einscharakter.

Es ist leicht zu sehen, daß diese Reihen für $s > 1$ absolut konvergieren und für $\chi \neq \chi_0$ und $s = 1$ bedingt konvergieren. Das Phänomen der bedingten Konvergenz wurde zuerst von DIRICHLET exakt behandelt. Weiter läßt sich $L(s, \chi)$ als ein EULER-Produkt darstellen:

$$L(s, \chi) = \prod_p \left(1 - \frac{\chi(p)}{p^s}\right)^{-1}, \tag{6}$$

wobei das Produkt über alle Primzahlen zu erstrecken ist. Nun nehmen wir den Logarithmus und erhalten

$$\log L(s, \chi) = \sum_p \frac{\chi(p)}{p^s} + R_\chi(s), \tag{7}$$

wobei $R_\chi(s)$ für $s > 0$ konvergiert.

Jetzt kommt der entscheidende Schluß von DIRICHLET. Wir betrachten die Summe

$$\sum_\chi \chi(l)^{-1} \log L(s, \chi) = \sum_\chi \sum_p \frac{\chi(l)^{-1}\chi(p)}{p^s} + R(s), \tag{8}$$

wobei $R(s)$ für $s > 0$ konvergiert. Es ist leicht zu sehen, daß

$$\sum_\chi \chi(l)^{-1} \chi(p) \tag{9}$$

für $p \not\equiv l \pmod{k}$ verschwindet und für $p \equiv l \pmod{k}$ gleich der Anzahl $\varphi(k)$ der primen Restklassen mod l ist. Daher wird

$$\sum_\chi \chi(l)^{-1} \log L(s, \chi) = \varphi(k) \sum_{p \equiv l (\mathrm{mod}\, l)} \frac{1}{p^s} + R(s). \tag{10}$$

Nach EULER weiß man, daß $L(s, \chi_0)$ für $s \to 1$ gegen unendlich geht. Wenn wir wüßten, daß $\lim\limits_{s \to 1} \log L(s, \chi)$ für $\chi \neq \chi_0$ endlich ist, wäre der Satz bewiesen. d.h., es kommt darauf an, zu zeigen, daß $\lim\limits_{s \to 1} L(s, \chi) \neq 0$ ist. Das ist für Charaktere χ mit $\chi^2 \neq \chi_0$ leicht zu zeigen, aber für χ mit $\chi^2 = \chi_0$, d.h. für quadratische Charaktere, ist es ein tiefliegender Tatbestand. DIRICHLET hatte hierfür einen direkten Beweis, den er aber nicht publiziert hat, da er zwischen $L(1, \chi)$ und der Klassenzahl quadratischer Formen einen Zusammenhang entdeckte, der auch GAUSS schon bekannt war und als transzendente Klassenzahlbestimmung bezeichnet wird:

$$h = \frac{\sqrt{\mathrm{x} - D}}{\pi} L(1, \chi) \qquad \text{falls} \quad k \neq 3, 4, \chi(-1) = -1 \tag{11}$$

$$h = \frac{\sqrt{D}}{2 \log \varepsilon} L(1, \chi) \quad \text{falls} \quad \chi(-1) = 1. \tag{12}$$

Dabei ist h die Klassenzahl, D die Diskriminante und $\varepsilon > 1$ die normierte Grundeinheit des zu χ gehörigen quadratischen Zahlkörpers. Hieraus ist sofort ersichtlich, daß $L(1, \chi) \neq 0$ ist. (Hier ist χ ein primitiver Charakter, das ist jedoch keine wesentliche Einschränkung. Für die Einzelheiten verweisen wir auf Z. I. BOREWICZ, I. R. ŠAFAREVIČ, Teorija čisel, zweite Auflage, Moskau 1972, Kapitel V).

Ehe ich einige Bemerkungen zur weiteren Entwicklung des ersten Problems mache, möchte ich kurz etwas zum zweiten Problem sagen.

DIRICHLET betrachtet den Ring $\mathbb{Z}[\alpha]$, der von $\mathbb{Z}$ und einer ganzen algebraischen Zahl α erzeugt wird. Dies ist die naheliegendste Verallgemeinerung des Ringes $\mathbb{Z}$. So betrachtete GAUSS die Arithmetik in $\mathbb{Z}[\sqrt{-1}]$ als Voraussetzung für die „richtige" Formulierung des biquadratischen Reziprozitätsgesetzes. Die Elemente ε von $\mathbb{Z}[\alpha]$, deren Inverses ε^{-1} wieder in $\mathbb{Z}$ liegt, bilden eine Gruppe, die Einheitengruppe E von $\mathbb{Z}[\alpha]$. DIRICHLET war in der Lage, die Struktur dieser Gruppe vollständig aufzuklären. Er hat an dieser Frage von 1841 bis 1845 gearbeitet. Den Hauptpunkt des Beweises soll er beim Anhören der Ostermusik in der Sixtinischen Kapelle in Rom gefunden haben. Auch in diesem Beweis gibt es wieder einen fast trivialen Grundgedanken, das berühmte Schubfachprinzip, das besagt, daß, wenn ich $n + 1$ Gegenstände in n Kästen verteile, in mindestens einem Kasten zwei Gegenstände liegen.

DIRICHLET konnte das zweite Problem nicht vollständig lösen, da die Ringe $\mathbb{Z}[\alpha]$ im allgemeinen nicht die passenden Bereiche für eine gute Verallgemeinerung der Arithmetik in $\mathbb{Z}$ sind. KUMMER war erfolgreicher, da er sich auf den Spezialfall $\alpha^n = 1$ beschränkte. Der entscheidende Durchbruch wurde von DEDEKIND und KRONECKER erzielt, die erkannten, daß man von einer Körpererweiterung K von Q ausgehen muß und den Ring O aller ganzen Zahlen von K als Verallgemeinerung von $\mathbb{Z}$ zu betrachten hat. Im Fall $\alpha^n = 1$, $K = Q(\alpha)$ ist $O = \mathbb{Z}[\alpha]$. Dies erklärt den Erfolg von KUMMER.

Im X. Supplement[1] zu den von ihm herausgegebenen Vorlesungen über Zahlentheorie von DIRICHLET hat DEDEKIND in vorbildlicher Weise das zweite Problem gelöst einschließlich eines ausführlichen Beweises des DIRICHLETschen Einheitensatzes, während DIRICHLET selbst nur Andeutungen gegeben hatte. Im Prinzip unterscheidet sich jedoch der DEDEKINDsche Beweis nicht von dem DIRICHLETschen.

Nun einige Bemerkungen zur Entwicklung, die sich an DIRICHLETS Ergebnisse zum Problem 1 anschloß. Sie fächert sich in eine ganze Reihe von Richtungen auf.

1. RIEMANN betrachtete 1859 in einer Arbeit für die Berliner Akademie die Eigenschaften der Funktion $\zeta(s) = \sum_{n=1}^{\infty} n^{-s}$ im Komplexen und zeigte einen tieferen Zusammenhang mit der Primzahlverteilung auf. HADAMARD und DE LA VALLÉE POUSSIN zeigten 1896 unabhängig voneinander das asympto-

[1] Zuerst publiziert 1871. In der vierten Auflage von 1894 ist aus dem X. das XI. Supplement geworden.

tische Verteilungsgesetz von Primzahlen in arithmetischen Progressionen:

$$\lim_{x\to\infty} \Pi(x, k, l) \Big/ \frac{x}{\log x} = \frac{1}{\varphi(k)}, \tag{13}$$

wobei $\Pi(x, k, l)$ die Anzahl der Primzahlen $p \equiv l \pmod k$ mit $p \leqq x$ bezeichnet. In der Folgezeit wurde dieses Ergebnis verschärft.

2. Die Untersuchung der Reihen der Form $\sum_{n=1}^{\infty} a_n n^{-s}$, $a_n \in \mathbb{C}$, die als DIRICHLETsche Reihen bezeichnet werden, entwickelte sich zu einer selbständigen Disziplin, von der einer ihrer besten Kenner, S. MANDELBROJT, im Vorwort zu seiner 1969 erschienenen Monographie „Séries de Dirichlet“ sagt: „Dieser Teil der harmonischen Analyse ist so breit und reich an Publikationen und Fakten, daß es, wie mir scheint, sinnlos wäre, zu versuchen, die ganze Theorie zu erfassen.“

3. DIRICHLET konnte für $L(1, \chi)$ einen geschlossenen Ausdruck angeben und so die Formeln (1) und (2) in algebraische Formeln verwandeln. Dies wurde 1850 von KUMMER verallgemeinert. In neuerer Zeit wurde die Frage von H. HASSE wieder aufgenommen und von H. LEOPOLDT weitergeführt als eine Theorie für beliebige abelsche Erweiterung K/Q (d.h., die Galoissche Gruppe von K/Q ist abelsch). Zahlreiche Arbeiten anderer Mathematiker zu Spezialfällen schlossen sich an.

4. Die Funktionen $L(s, \chi)$ sind nach Definition der primen Restklassengruppe modulo k zugeordnet. Für quadratische Charaktere haben wir gesehen, daß $L(s, \chi)$ auch einem quadratischen Zahlkörper zugeordnet werden kann. Die Verallgemeinerungen dieses Wechselverhältnisses ist für die Geschichte der algebraischen Zahlentheorie seit DIRICHLET von entscheidender Bedeutung. Sie führte E. ARTIN auf sein Reziprozitätsgesetz der Klassenkörpertheorie und bildet den Gegenstand der Vermutungen von R. P. LANGLANDS, die gegenwärtig eine wichtige Rolle in verschiedenen Zweigen der Mathematik spielen.

Ich komme nun zum dritten Problem. DIRICHLET zeigte 1829, daß sich eine stückweise stetige und monotone Funktion $f(x)$ im Intervall $(-\pi, \pi)$ in eine trigonometrische Reihe entwickeln läßt. Ein Satz, der auch heute in einer Vorlesung für Studenten fast genau so bewiesen wird wie bei DIRICHLET, der die n-te Partialsumme

$$f_n(x) = \frac{a_\nu}{2} + \sum_{\nu=1}^{n} (a_\nu \cos \nu x + b_\nu \sin \nu x) \tag{14}$$

mit

$$a_\nu = \frac{1}{\pi} \int_{-\pi}^{\pi} f(x) \sin \nu x \, \mathrm{d}x, \quad b_\nu = \frac{1}{\pi} \int_{-\pi}^{\pi} f(x) \cos \nu x \, \mathrm{d}x \tag{15}$$

in ein endliches Integral verwandelt und dann zeigt, daß dieses Integral für $n \to \infty$ gegen

$$\frac{1}{2}(f(x+0)+f(x-0)) \tag{16}$$

konvergiert.

Wiederum ist es RIEMANN, der in seiner Habilitationsarbeit aus dem Jahre 1854, die erst 1867 von DEDEKIND herausgegeben wurde, den DIRICHLETschen Faden aufnimmt. RIEMANN schreibt in seiner Einleitung: „Bei ihrer Zusammenstellung war es mir vergönnt, einige Winke des berühmten Mathematikers zu benutzen, welchem man die erste gründliche Arbeit über diesen Gegenstand verdankt.“ Weiter schreibt er über das Problem, eine willkürliche Funktion durch Sinus- und Cosinusfunktionen darzustellen: „In der That für alle Fälle der Natur, um welche es sich allein handelte, war sie vollkommen erledigt, denn so gross auch unsere Unwissenheit darüber ist, wie sich die Kräfte und Zustände der Materie nach Ort und Zeit im Unendlichkleinen ändern, so können wir doch sicher annehmen, daß die Funktionen, auf welche sich die DIRICHLETsche Untersuchung nicht erstreckt, in der Natur nicht vorkommen.“ Er rechtfertigt dann die Beschäftigung mit der Fragestellung dadurch, daß er auf deren Bedeutung für die Grundlagen der Analysis und für die Anwendung in der Zahlentheorie hinweist, RIEMANN zeigt, daß eine periodische Funktion durch eine trigonometrische Reihe dargestellt wird, wenn sie integrabel ist und nur endlich viele Maxima und Minima hat. Bei dieser Gelegenheit definiert er das Integral, das jetzt seinen Namen trägt. Die RIEMANNsche Habilitation war einer der Ausgangspunkte der Theorie der reellen Funktionen. Wir können hierauf nicht näher eingehen. Es sei nur noch zum Schluß das folgende abschließende Ergebnis von L. CARLESON aus dem Jahre 1966 erwähnt. Die FOURIER-Reihe einer Funktion f aus $L^2(-\pi, \pi)$ konvergiert fast überall gegen f.

Wichtiger als die angegebene Verfeinerung des DIRICHLETschen Satzes ist ihre Verallgemeinerung auf lokal kompakte Gruppen G, die als harmonische Analyse bezeichnet wird. Im Sinne der harmonischen Analyse betrachtet DIRICHLET den einfachsten nichttrivialen Fall der Gruppe $R/2\pi Z$, deren irreduzible Darstellungen die Exponentialfunktionen e^{inx} sind, mit $n \in \mathbb{Z}, x \in \mathbb{R}$. Statt nach cos- und sin-Funktionen entwickelt man die Funktionen auf $\mathbb{R}/\text{-}2\pi\ \mathbb{Z}$ nach diesen Exponentialfunktionen, was für komplexwertige Funktionen auf das Gleiche hinausläuft. Die harmonische Analyse auf lokal kompakten Gruppen ist einer der fundamentalen Zweige der modernen Mathematik. Sie steht im engen Zusammenhang mit den oben erwähnten Vermutungen von LANGLANDS.

Zusammenfassend kann man sagen, daß wichtige Teile der Mathematik durch DIRICHLET wesentlich beeinflußt wurden. Seine Arbeiten haben einen unverwechselbaren Individualstil, der durch Kombination von überraschend einfachen Ausgangsüberlegungen mit scharfsinnigen analytischen Rechnungen gekennzeichnet ist, durch die er die Analysis insgesamt auf eine höhere Stufe gehoben hat. Er ist der eigentliche Schöpfer der Anwendung von Analysis auf Fragen der Zahlentheorie. So wie DIRICHLET an GAUSS anknüpft, knüpft RIEMANN an DIRICHLET an. Während GAUSS noch isoliert in Deutschland arbeitet, leitet DIRICHLET den Übergang von einer vorwiegend von französischen Mathematikern geprägten Periode (mit dem Höhepunkt im letzten Drittel des 18. Jahrhunderts und Abschwächung im ersten Drittel des 19. Jahrhunderts) zu einer vorwiegend von deutschen Mathematikern geprägten Periode (zweite Drittel des 19. Jahrhunderts) in der Geschichte der Mathematik ein.

Mathematische Fragen, die er als erster berührt hat, stehen auch heute mit im Mittelpunkt der mathematischen Forschung.

Kolibri 360 GmbH
Ferdinand-Jühlke-Straße 7
99095 Erfurt, Deutschland
produktsicherheit@kolibri360.de